天津市科普重点项目支持

设施蔬菜合理施肥
原色图册系列丛书

番茄 辣椒
施肥与生理病害防治

主　编：王丽娟　吕雄杰

编　者：张玉玮　王晓蓉　信丽媛

　　　　高　伟　贾宝红　宋治文

　　　　王孟文

U0324884

天津出版传媒集团

 天津科技翻译出版有限公司

图书在版编目(CIP)数据

番茄 辣椒施肥与生理病害防治／王丽娟,吕雄杰主编.
天津:天津科技翻译出版有限公司,2013.2
(设施蔬菜合理施肥原色图册系列丛书)
ISBN 978 – 7 – 5433 – 3193 – 8

Ⅰ.①番…　Ⅱ.①王…②吕…　Ⅲ.①番茄—施肥
②番茄—植物生理性病—防治③辣椒—施肥④辣椒—植
物生理性病—防治　Ⅳ.①S641.06②S436.41

中国版本图书馆 CIP 数据核字(2013)第 025898 号

出　　　版:	天津科技翻译出版有限公司
出　版　人:	刘 庆
地　　　址:	天津市南开区白堤路 244 号
邮 政 编 码:	300192
电　　　话:	022 – 87894896
传　　　真:	022 – 87895650
网　　　址:	www.tsttpc.com
印　　　刷:	唐山天意印刷有限责任公司
发　　　行:	全国新华书店
版 本 记 录:	787×1092　32 开本　3.75 印张　50 千字
	2013 年 2 月第 1 版　2013 年 2 月第 1 次印刷
	定价:20.00 元

(如有印装问题,可与出版社调换)

丛书前言

有一句顺口溜说,"水大肥勤,种地不用问人"。可真的是"施肥越多越增产"吗?相信有许多农民朋友有过这样的经历,花了不少钱买化肥,可是施用的效果并不理想。

近年来,设施蔬菜栽培在我国北方取得了长足发展。据调查,很多菜区存在盲目施肥、过量施肥的现象,这对生态环境和农产品安全都造成了不利影响。农民朋友身边亟需合理施肥的切实指导。

本系列丛书主要针对农业生产一线的农民朋友,力求以朴实的语言,辅以清晰的图片,详细地介绍芹菜、大白菜、黄瓜、甜瓜、番茄、辣椒 6 种蔬菜设施栽培的茬口安排,品种选择,不同时期的需肥规律、肥料的选用,以及常见生理病害的防治方法,尽可能地让农民看得懂、学得会、用得上。

本书在编写的过程中,本着严谨求实的态度,所用图片大部分来自于田间生产实际,保证了本书内容的客观性、可靠性和实用性。

本书的编写还得到了天津市农业科学院的李秀秀研究员、王万立研究员、李淑菊研究员、刘文明高级农艺师、杨小玲研究员和高国训副研究员等各位老师的大力支持和帮助,在此一并表示感谢。

由于编写者水平有限,书中疏漏和不当之处在所难免,在此恳请专家、同仁与广大读者批评指正。

编者

2012 年 10 月

目 录

第一部分 番茄

第二部分　辣椒

第一节 设施栽培主要茬口品种选择

第二节　水肥管理

第三节　常见生理病害

番茄

第一节　品种选择

一、京津地区番茄茬口安排

茬口	适宜品种
春茬	宝丽、百利、美利、格雷(73-571)、瑞粉 880、中杂 106、中杂 101、金棚一号、雅丽 616、倍盈、久利、佳粉 18 号、圣粉、美樱二号、曼西娜、冀东 216、毛粉 808
秋茬	格雷(73-571)、宝丽、劳斯特(73-409)、雪莉(74-587)、美利(73-584)、中杂 106、奇番二号、佳粉 18 号、圣粉、曼西娜、冀东 216、毛粉 808
越夏茬	格雷(73-571)、雅丽 616
越冬茬	久利、圣粉、美樱二号

二、大中果型番茄品种

1. 宝丽

　　宝丽来自法国克劳斯蔬菜种子公司。中早熟,长势强,节间中等,连续坐果能力强,产量高。每穗4个果左右,大小均匀,果形高圆略扁,单果质量200克左右,转色快,粉红果,着色均匀,无青肩,果皮厚,硬度好,耐储运。抗番茄黄化曲叶病毒病、烟草花叶病毒病、马铃薯花叶病毒病、根结线虫病,耐枯萎病和黄萎病等。适于早春和秋季保护地栽培。

2.美利

美利来自荷兰瑞克斯旺种子有限公司。无限生长型品种,中早熟,丰产性强,坐果好且果实整齐,周年栽培亩产20 000千克左右。果实圆形微扁、红色、口味好、中大型果,单果重200~230克,果实硬,耐运输、耐贮藏。抗番茄花叶病毒病、黄萎病、枯萎病、线虫病、根腐病及灰叶斑病。适合早秋、秋冬和早春日光温室和大棚栽培。

3

3.百利

百利(图1-1,1-2)来自荷兰瑞克斯旺种子有限公司。耐高温、高湿,早熟,丰产,质地硬,颜色鲜亮。单果重180~200克,无限生长型品种,植株长势旺盛,正常栽培条件下不易裂果、青肩。抗烟草花叶病毒病、筋腐病、黄萎病和枯萎病。适合北方早秋、早春日光温室和大棚越夏栽培。

图1-1　百利

图1-2 百利

图1-3 格雷(73-571)

4

4.格雷(73-571)

格雷(73-571)(图1-3)来自荷兰瑞克斯旺种子有限公司。耐高温、高湿,色泽鲜亮,质地硬。单果重200~220克,无限生长型品种。抗烟草花叶病毒病、叶霉病、斑萎病毒病、黄萎病和枯萎病。适合于早秋、早春日光温室和大棚越夏栽培。

5.劳斯特(74-409)

劳斯特(74-409)(图1-4)来自荷兰瑞克斯旺种子有限公司。无限生长型品种,中熟,丰产性好,耐寒性好。周年栽培亩产20 000千克左右。果实偏圆形，大红色，口味好，中大型果，单果重200~230克，果实硬，耐运输、耐储藏。抗番茄花叶病毒病、叶霉病、黄萎病和枯萎病。适合于北方秋冬和早春季节温室和大棚栽培。

图1-4 劳斯特(73-409)

6.雪莉(74-587)

雪莉(74-587)来自荷兰瑞克斯旺种子有限公司。无限生长型品种，早熟，生长均衡，丰产性好，周年栽培亩产20 000千克以上，坐果好。果实大红色，微扁圆形，中型果，单果重200~220克，色泽鲜亮，果实硬，耐运输、耐贮藏。抗番茄花叶病毒病、斑萎病毒病、黄化曲叶病毒病、黄萎病、枯萎病和线虫病。适合早秋、秋冬和早春季节日光温室栽培。

7.瑞粉880

瑞粉880(图1-5)来自荷兰瑞克斯旺种子有限公司。无限生长型品种，中早熟，丰产性强，坐果好。果实圆形微扁，

图1-5 瑞粉808

粉红色,口味好,中大型果,单果重200~230克,果实较硬。抗番茄花叶病毒病、黄化曲叶病毒病、叶霉病、枯萎病、根腐病、灰叶斑病、黄萎病及线虫病。适合早秋、早春日光温室栽培。

8.朝研219

朝研219来自天津朝研种苗科技有限公司。单果重300~350克,是目前粉红果番茄中果实硬度最高、产量最高的品种之一。中早熟,长势强,不早衰。适宜保护地及露地栽培,最适宜秋、冬、春一大茬及春露地栽培。

9.中杂109

中杂109来自中国农业科学院蔬菜花卉研究所。无限生长类型鲜食番茄。幼果无果肩,成熟果实粉红色,果实近圆形,平均单果重200克以上。果实硬度高,耐贮运,果实整齐,商品率高。高抗烟草花叶病毒,抗叶霉病、枯萎病。大棚种植亩产达8000千克,温室栽培可达10 000千克以上。适合温室、大棚和保护地的栽培。

 **10.中杂106**

中杂106来自中国农业科学院蔬菜花卉研究所。无限生长类型,生长势中强,普通叶。果实近圆形,幼果有绿果肩,成熟果粉红色。单果重180~220克,果形整齐、光滑,畸形果和裂果很少,品质优良,商品性好。早熟性好,产量高。抗叶霉病、番茄花叶病毒、枯萎病,耐黄瓜花叶病毒。是进行无公害生产和绿色生产的优良品种。适合春、秋日光温室和大棚栽培。

11.中杂101

中杂101来自中国农业科学院蔬菜花卉研究所。无限生长型,生长势较强,节间稍长。果实近圆形,幼果有绿果肩,果实粉红色。单果重200~250克,果形整齐,裂果少,品质优良,商品性好。早熟性好,产量高。比中杂9号增产约10%。抗叶霉病、番茄花叶病毒病、枯萎病,耐黄瓜花叶病毒。适合春日光温室和大棚栽培。

12.金棚一号

金棚一号来自西安皇冠蔬菜研究所。早熟性突出,综合抗病性强,抗病毒病和叶霉病。果实粉红色,高圆形,大

7

小均匀,单果重200~250克。果皮厚,耐运输。在低温条件下连续坐果率强,果实膨大速度快,前期产量高。适宜保护地秋延后和早春栽培。

13. 雅丽616(粉果)

雅丽616来自荷兰德澳特种业集团公司。植株长势中等,叶片较稀疏,中早熟。果实圆形略扁,正常栽培条件下,单果重220~250克,硬度高,耐贮运,精品多。萼片美观,色泽粉红亮丽,商品性佳。抗番茄黄化曲叶病、根结线虫。适合保护地早春、越夏、秋延栽培,局部地区可越冬栽培。

14. 倍盈

倍盈来自先正达种子(中国)公司,为杂交一代大红果番茄。无限生长型,生长势强,节间中等。易坐果,果实均匀,果圆形稍扁,3~4心室。平均单果重200克,果实硬,耐储运。抗叶霉病、枯萎病、黄萎病、根腐病、灰斑病、番茄花叶病。适宜春季及早春栽培。

15. 久利

久利来自先正达种子(中国)公司,为杂交一代大红番

8

茄。无限生长型,早熟,生长势中等,坐果能力强。果实圆形,颜色美观,果柄短,单果重180~200克,耐贮运。抗根结线虫、枯萎病、黄萎病、烟草花叶病毒病、番茄花叶病毒病、番茄斑萎病。适合北方日光温室早春和越冬栽培。

16.佳红7号

佳红7号来自北京市农林科学院蔬菜研究中心。无限生长类型,生长势强。单果重150~180克,果实均匀,未成熟果无绿肩,成熟果色泽亮红,硬果,耐贮运性好。抗番茄花叶病毒病及枯萎病。适合保护地及长季节栽培。

17.佳粉18号

佳粉18号来自北京市农林科学院蔬菜研究中心。粉色硬肉、耐贮运型番茄一代杂交种。无限生长型,中熟偏早。成熟果粉红色,以圆形果为主,单果重200克左右,商品果率高。高抗叶霉病及番茄花叶病毒病。裂果、畸形果少,叶量适中,不易徒长,且不郁闭。适合春、秋大棚种植。

18.毛粉808

毛粉808来自西安市蔬菜所。无限生长型的中晚熟品

9

种。株高140厘米。该品种具有茸毛基因的表现，其杂种群体中茸毛株和普通株各占一半，其中茸毛株因表面密生白色茸毛，具有显著的避蚜虫效果，高抗烟草花叶病毒病，耐黄瓜花叶病毒病。单果重约200克，粉红色，幼果有青果肩，果实光滑、美观、脐小、肉厚，不易裂果。品质佳，商品性好，坐果力强，产量高，一般亩产4000~5000千克。适宜春、秋大棚及春露地栽培。

19.保冠1号

保冠1号来自西安秦皇种苗有限公司。早熟性突出，叶片较稀，叶量中等，光合效率高，在低温弱光下坐果能力强，果实膨大快。商品性特优，果实无绿肩，大小均匀，高圆苹果形，表面光滑发亮，基本无畸形果和裂果，单果重200~350克。果皮厚，耐贮耐运，货架寿命长，口感风味好。综合抗性好，高抗番茄花叶病毒病，中抗黄瓜花叶病毒病，高抗叶霉病和枯萎病，灰霉病、晚疫病发病率低，没有发现筋腐病。耐热性好。适宜日光温室、大棚的提早、秋延后及春、越夏栽培，也宜中小棚春提早栽培。

三、樱桃番茄品种

1.圣粉

圣粉(图1-6,1-7)来自农友种苗(中国)公司。无限生长型,株高170~250厘米,单果重20~25克,椭圆形,成熟时为亮粉色,果实硬度好,不易裂果,耐运输。肉质脆甜,糖度高,皮厚,产量高,每亩产量可达10 000千克。该品种是一个集好看、好吃、耐裂、耐运、丰产于一体的优良樱桃番茄品种。适合早春、秋延迟以及冬暖棚越冬栽培。

图1-6　圣粉

图1-7　圣粉

2.丽红

丽红(图1-8,1-9)来自农友种苗(中国)公司。半停心类型,株高170~250厘米,平均单果重20克,团圆形,成熟时大红色,果实硬度好,不易裂果,耐运输。坐果能力强,

图1-8　丽红

图1-9　丽红

果形均匀,肉质脆甜,糖度高,皮厚,产量高,每亩产量可达13 000千克,易管理。适合保护地种植。

3.美樱二号

　　美樱二号来自中国农业科学院蔬菜花卉研究所。有限生长类型,生长势强,主茎第6~7片叶着生第一花序,以后每隔1~2片叶着生一花序,每序开花20~30朵。坐果率90%以上,果实卵圆形,成熟果实红色,单果重12~15克,大小均匀,不裂果,耐储运,口感脆甜,商品性好。高抗烟草花叶病毒病,抗叶霉病。保护地栽培亩产3000~4000千克。适于冬春日光温室或大棚栽培。

4.京丹1号

京丹1号来自北京市农林科学院蔬菜研究中心。无限生长型,中早熟。果实圆形,成熟果色泽透红亮丽,果味酸甜浓郁,口感极好,单果重10克,糖度8%~10%。适宜保护地高架栽培。

5.曼西娜(73-47)

曼西娜(73-47)(图1-10)来自荷兰瑞克斯旺种子有限公司。无限生长鸡尾酒型品种,早熟,植株健壮、开展,果实红色、鲜亮,平均单

图1-10　曼西娜(73-47)

果重35克,果穗排列整齐,每穗可留果8~10个,既可单果采收也可成串采收,口味佳。抗番茄花叶病毒病、叶霉病、枯萎病、根腐病、黄萎病及线虫病。适合北方地区早春和早秋保护地种植,秋茬一般在7月中旬开始定植到12月结束,春茬一般在11月下旬定植到明年6月下旬收获完毕。

6. 冀东216

冀东216来自河北科技示范学院。水果型番茄。无限生长型，生长势中等。坐果能力强，果实为圆形，红色，稍有果肩，果面光滑，单果重38克左右。果肉较厚，耐贮运，酸甜适口。高抗叶霉病，抗病毒病，对青枯病也有较强抗性，耐热性和耐低温性均较强。适合保护地秋冬、冬春栽培。

第二节　施肥方法

一、需肥特点

从整个生长期来看，番茄对氮、磷、钾三要素的吸收量以钾最多，氮次之，磷较少。每生产5000千克番茄，大约需氮21千克、磷13.5千克、钾30千克。但因栽培形式较多，对三要素的吸收量与生长期、地温、品种、土壤、肥料种类等不同而有差别。

番茄不同生长期的需肥动态变化：育苗时，番茄需要氮、磷、钾的比例为1:2:2，育出的壮苗可提早开花结果，提高结果率。经移栽定植、缓苗后，第一穗花陆续开花、坐果,此时营养生长和生殖生长同时进行,所需养分逐渐增加。在结果期,吸肥量急剧增加。当第一穗果采收、第二穗果膨大、第三穗果形成时,番茄达到需肥高峰期。

定植后1个月内吸肥量仅占总吸收量的10%~13%,其中钾的增加量最低。在此后20天里,吸钾量猛增,其次是磷。结果盛期,养分吸收量达最大值,在此期间吸肥量占总吸收量的50%~80%。此后养分吸收量逐渐减少。

二、施肥原则

根据番茄需肥动态变化,其施肥的总体原则为重施优质有机肥,适时施用追肥。番茄幼苗期需肥量少,但需全面供应氮、磷、钾等养分,促进根茎叶生长和花芽分化。由于氮、磷对花芽分化的影响较大,特别是磷的影响最大,因此在幼苗期应以氮肥为主,并注意配施磷肥,这样可促进叶面积扩展及花芽分化。至第一穗果的盛花期,应逐渐增加氮、钾营养。

结果盛期,在充分供氮、钾的基础上,必须增加磷素营养,尤其棚室栽培更应注意磷、钾的供应,同时还应增施二氧化碳气肥,并以钙、镁、硼、硫、铁等中量元素

15

和微量元素肥料配合施用,不仅能提高产量,还会改善品质。

三、重施基肥

番茄生长量大,产量高,定植前要施足基肥。有条件的地区,可以根据测土配方施肥。无条件进行测土配方施肥的地区,对于一般土壤肥力水平下,可每亩撒施经充分腐熟的猪粪或鸡粪4000~5000千克,或者每亩施腐熟的圈肥7500千克,同时在基肥中每亩加施过磷酸钙50千克。深耕40厘米,再倒翻一遍,掺匀肥土,整地做畦。然后开沟深10~15厘米,并沟施每亩磷酸二铵20千克、尿素10千克、硫酸钾20千克(或者沟撒施复合肥每亩25千克)。

四、巧施追肥

除了施足富含氮、磷、钾有机底肥外,还要适时合理施用追肥。设施栽培的番茄,不同品种的结果期长短不同,追肥次数也不同。结果期较短的一般追3~4次肥即可,结果期较长的要追5~6次肥。例如,日光温室冬春茬的晚熟品种番茄比一般品种要多1~2次追肥,需要适时适量追施第4~5次防早衰肥。一般来说,每收1次果,追1次肥。

在了解具体的追肥方法之前,首先我们要记住追肥的五原则:

一要少施勤施,"少吃多餐"。

二要由少到多,由稀到浓。

三要随配随用,浓度适宜(土壤干旱追肥易淡,土壤湿润追肥易浓)。

四要前期喷氮,后期喷磷、钾(即前期以氮为主,后期以磷、钾为主)。

五要早晚喷,阴天喷,雨前后不喷。

下面,我们来介绍设施栽培番茄的追肥施用方法,按追肥共4次来说。

第一次,轻施发棵肥

【施用时间】

番茄秧苗定植成活后,如果基肥不足,可以补一次。施用时间最好在第二穗果开花期追施,可促进结果和高产量。一般来说,在天津地区的基肥施用很充足,这次追肥可省略。

【追肥种类】

以氮素营养为主的冲施肥或尿素。

【施用方法】

定植后10~15天,结合浇水追施尿素,每亩10千克,先将尿素撒于离根部6~7厘米的地表,然后松土培垄,将肥料与土充分混合后再浇水。

第二次,重施促秧肥

【施用时间】

一般在第一穗果实膨大、第二穗果实坐住时追施。

【追肥种类】

以氮肥为主,配施磷、钾肥。

【施用方法】

每亩施尿素15千克,磷酸二铵7千克,并配施硫酸钾10千克。

第三次,巧施盛果肥

【施用时间】

第一穗果实开始采收后,第二穗果膨大时施用。

【追肥种类】

番茄果实在旺长期需肥水多，施肥量相应要大，并特别注意配施磷、钾肥和微量元素肥。可选择三元复合肥或冲施肥，但是针对天津地区，番茄盛果期可减少磷肥喷施量。

【施用方法】

一般每亩施三元复合肥30千克或尿素10千克，磷酸二铵7千克，硫酸钾20千克，同时喷施0.1%的硝酸钙或螯合钙肥。在盛果期还可叶片喷肥，采用0.3%～0.5%的尿素、0.5%～1%的磷酸二氢钾以及0.3%～0.5%的氯化钾混合液喷洒。

19

第四次，适施接力肥

【施用时间】

第二次果实采收后，番茄采果盛期。

【追肥种类】

三元复合肥或冲施肥。

【施用方法】

为了提高果实品质，延长结果期，防止早衰，结果期可根据品种和茬口进行多次追肥，每次每亩追施三元复合肥30千克；如果选择叶面追肥，每次可喷施0.2%~0.3%的磷酸二氢钾或尿素。

第三节　常见生理病害

一、营养失调

1.氮过剩

主要症状

茎叶生长旺盛，结果少，表现出徒长。叶片增厚，尤其是植株顶端幼嫩叶片会出现卷曲，大叶片也会扭曲，甚至反转，茎上出现灰白色至褐色斑块。果实变色受阻，果实上出现始终不变红的白斑。氮肥过量，可引发脐腐病(图1-11)。

图 1-11　氮过剩：叶片增厚、卷曲

♥ 发病原因

施用过多铵态氮肥，同时又遇到低温或土壤经过消毒处理等情况，土壤细菌活动受限制，引起铵态氮过剩，根吸收了过多的铵态氮之后，组织和细胞受到损伤并在茎上出现斑点。

✚ 防治方法

严格控制氮肥和尿素的用量，尤其是在地温较低的苗期或进行了土壤消毒后，应少施或不施铵态氮化肥和尿素。比较适宜的方法是多施腐熟的有机肥和各种黄腐酸、氨基酸冲施肥、生物菌肥。在地温较高的条件下，如发现氮肥过剩，可通过加大浇水量加以缓解。

2.磷过剩

主要症状

症状不明显，严重时叶片上出现枯斑(图1-12)。

♥ 发病原因

过量施用磷肥，在使用基肥

图1-12 磷过剩

时大量加入磷肥,导致土壤有效磷含量偏高。磷元素会制约锌、铁等微量元素的吸收,所以磷元素超标会引起蔬菜对锌、铁等微量元素的吸收不良,导致叶片变黄。

➕ 防治方法

科学施用磷肥,对磷过剩的土壤,要减少磷肥的使用量。可以大量施用鸡粪,增加土壤中有机质,使土质疏松,从而为蔬菜根系的生长创造良好的土壤环境。

3.缺氮

主要症状

在苗期,缺氮幼苗较老的叶片偏黄。轻度缺氮时,叶变小,上部叶更小,颜色变为淡绿色。严重缺氮时,叶片自下部叶开始变黄,依次向上部叶扩展,整个植株较矮小。缺氮叶片比正常叶片薄,有时会出现紫斑(图1-13,1-14)。

发病原因

设施栽培中,缺氮的可能性较小,引发缺氮多是由于定植前大量施入没有腐熟的有机肥。

图 1-13 缺氮植株 图 1-14 缺氮植株

防治方法

①大量施用完全腐熟的有机肥,提高地力。

②如果施用未腐熟有机肥,应增施尿素等氮肥做基肥。

③通过叶面喷施0.2%~0.5%尿素,但要注意尿素质量,不能掺有杂质。

4.缺磷

主要症状

一般首先出现在老叶,从较老叶片开始向上扩展,叶片正面和反面的叶脉变为紫红色,到后期叶脉间的叶肉出现白色枯斑。从外形上看,植株生长延缓,叶小;果实小,成熟晚,产量低(图1-15,1-16)。

图1-15　缺磷:叶脉变为紫红色(叶面)　　图1-16　缺磷:叶脉变为
紫红色(叶背)

🌱 发病原因

　　有时土壤中不缺磷,但常因低温、干旱等阻碍了根系的吸收,出现缺磷症状。番茄幼苗期需磷量大,发生缺磷的可能性较大。此外,在移栽时如果有伤根、断根的情况也容易出现缺磷症状。

➕ 防治方法

　　定植前施足磷肥,磷肥应和充分腐熟的有机肥混合后,采用开沟集中施肥,并注意适当深施。在生长期出现缺磷症状,应喷0.2%的磷酸二氢钾溶液。

5.缺钾

主要症状

缺钾症状首先出现在老叶上,叶脉保持绿色,但主叶脉之间的叶片组织褪绿,叶片卷曲,呈赤绿色,严重时沿叶缘发生灼伤。缺钾植株所结的果实着色不良,会引起果实内部褪色,形成绿肩果(图1-17,1-18)。

发病原因

25

在沙土和多年连作的设施土壤上,容易发生缺钾现象。一次性追施铵态氮肥料和尿素量较大的情况下,影响番茄根系对钾的吸收,同时干旱和高温使缺钾症状会加重。有时土壤中不缺钾,

图 1-17 缺钾:绿肩果　　图 1-18 缺钾:叶缘黄化

但由于中后期番茄根系吸收能力减弱,引起缺钾症状。

 **防治方法**

番茄是需钾较多的作物。在栽培时,应在底肥中施足含钾高的有机肥,并合理追施和叶片喷施。在番茄结果初期,可叶面喷施0.2%~0.3%磷酸二氢钾溶液。

6.缺钙

主要症状

幼苗或植株萎缩,上部叶片变黄,下部叶片保持绿色。幼叶小,周围变褐色,有些枯死,有些叶缘附近出现枯斑(图1-19)。叶片边缘呈整体的镶金边状,有人称之为"金边叶",这也是缺钙的表现。番茄果实果脐处变黑,发生脐腐病。

发病原因

土壤本身钙不足,加上施用氮肥、钾肥过多,或者高温高湿环境会加速番茄对钙的吸

图1-19 番茄缺钙生长点坏死

收,导致土壤缺钙严重。

✚ 防治方法

先看看土壤是否缺钙,若缺钙,应在深耕的同时深施石灰肥料,并多施有机肥,还要适时灌水,不要一次性施用大量的钾肥和氮肥。如果已发生缺钙症状,可叶面喷施0.1%~0.3%的氯化钙或硝酸钙水溶液,每7~10天1次,至少喷2~3次。

7.缺镁

📠 主要症状

植株下部叶片叶脉间叶肉变黄色,呈网状脉,严重时整个叶片变黄, 小叶脉也褪绿, 形成典型的绿脉黄叶症状。发病严重的植株上部叶片也会褪绿,甚至全株变黄(图1-20)。

🌱 发病原因

①过量使用钾肥,无论是底施还是追施大量

图1-20　缺镁叶片

使用硫酸钾、硝酸钾等含钾量高的肥料,造成土壤中速效钾养分偏高,抑制镁的吸收和利用。

②根部病害或沤根、烧根等原因导致根系受伤,影响镁的吸收,造成缺镁黄叶。

十 防治方法

发现缺镁时,一定要早治,因为即使补给充足的镁,缺镁变黄的叶片也很难恢复为绿色,只能阻滞缺镁症状的进一步发展。可采取的措施:一是施足充分腐熟的有机肥,保持土壤中性,避免土壤偏酸或偏碱;二是适当控制浇水,不要大水漫灌,使根系生长发育;三是合理配比氮、磷、钾和微量元素,当镁不足时,施用含镁的肥料;四是如果发现缺镁,可喷用0.2%~0.5%硫酸镁水溶液,每5天一次,连喷3~4次。或者每亩冲施硫酸镁10~15千克,15~20天1次。

8.缺锰

主要症状

缺锰症状首先发生在幼叶上,顶芽不枯死,幼叶不萎蔫。植株幼叶的叶肉呈浅黄色斑纹,比缺镁的叶肉颜色偏

28

白,叶脉仍为绿色,后期坏死的部分会出现细小的棕色斑点(图1-21,1-22)。

图 1-21　缺锰　　　　　图 1-22　缺锰

发病原因

　　在碱性土壤、有机质含量低的土壤、盐类浓度过高的土壤,番茄根系吸收锰元素较差,容易出现缺锰现象。此外,通气不好、地下水位较高或土壤含水量过高、施用未充分腐熟的有机肥、低温、弱光,这些因素都会促进缺锰症状的发生。

防治方法

　　①增施腐熟的有机肥。

　　②混合或分施化肥,避免土壤浓度过高。

③向土壤施用含锰肥料,如硫酸锰、氯化锰等。治疗措施:可叶面喷施0.2%的硫酸锰水溶液。

主要症状

苗期缺铁,新叶表现为均匀黄化。成株期缺铁,叶片呈渐变的黄化症状,那种斑点状黄化或叶缘黄化不是缺铁症状。严重时,顶部叶片黄化、扭曲,出现褐色坏死斑(图1-23)。

图 1-23 缺铁

发病原因

碱性土壤和磷肥施用过量容易缺铁。在土壤干燥或过湿及地温低时,根系活力弱,对铁的吸收能力减弱也会导致缺铁。锰、铜太多时会抑制植株对铁的吸收,出现缺铁症状。

防治方法

首先诊断土壤,根据情况采取措施。

①当土壤中磷过量时,可通过深耕解决。

②当土壤呈酸性或碱性时,要改良土壤。改良酸性土壤时,石灰用量不要过大,均匀施用,施用过量会使土壤呈碱性。

③定植时不要伤根。定植前,每亩用硫酸亚铁3~5千克做基肥。

④如果发现缺铁,可叶面喷施0.2%~0.5%的硫酸亚铁水溶液。

二、逆境危害

主要症状

植株的下部或中下部叶片卷曲,叶边缘稍微向上卷曲,是生理性卷叶轻度时症状;整个植株卷叶,且卷成筒状,摸一摸叶片,叶片比正常番茄叶子变厚、变脆、变硬,这是生理性卷叶严重时的表现(图1-24,1-25)。注意番茄的上部嫩叶变卷,不属于生理卷叶,可能是病毒病引起。

图1-24　生理性卷叶:叶片卷成筒状　　图1-25　生理性卷叶:叶片略上卷

发病原因

番茄生理性卷叶往往发生在采收前或采收期,主要与高温、强光、生理干旱有关。在高温、强光条件下,番茄的吸水量小于蒸腾作用的失水量,植株体内水分亏缺,叶片就会萎蔫或卷曲。高温的中午突然灌水,雨后暴晴,整枝过早或摘心过重,氮肥施用过多,都会引发番茄植株卷叶。

防治方法

生理性卷叶会使果实变小,甚至畸形,坐果率下降,导致品质下降,产量减少,应积极采取防范措施。

①遇见高温、强光的天气，要及时给温室或大棚放风，放风量逐渐加大，不可过急。

②高温季节，采用遮光降温措施栽培番茄，如覆盖遮阳网。

③如果是干燥引起的卷叶，要及时喷水或浇水，但不要在高温的中午浇水，保持土壤含水量在80%左右即可，土壤过干或过湿都不好。

④番茄植株侧芽长度应该超过5厘米以后方可打掉，摘心宜早、宜轻。

 2.裂果

主要症状

当临近果实成熟期时，果皮表面出现裂纹。裂纹有放射状的，以果蒂为中心，向果肩部延伸，呈放射状深裂。有环状的，在果蒂周围呈环状，裂纹较浅。还有条纹状的，在果实顶部呈不规则条状裂纹（图1-26至1-29）。

发病原因

果实发育后期，遇到高温、烈日、干旱和暴雨等情况，果品的生长与果肉膨大速度不一致，出现裂果。此外，植

33

图 1-26　顶裂果（种子外露）

图 1-27　纹裂果

图 1-28　放射状纹裂果

图 1-29　同心圆状纹裂果

株缺硼,果皮老化,也容易发生裂果。

＋ 防治方法

注意栽培管理,控制好土壤水分,番茄结果期的土壤不能过干,也不能过湿;雨后要及时排除积水;大雨前要及时采收;还可通过增施有机肥,提高土壤保水力。

3.筋腐病

主要症状

果实着色时普遍发生的一种生理性病害。番茄筋腐病的症状只表现在果实上,茎、叶没有明显症状。果实着色不均匀,表明凹凸不平,果肉维管束呈黑褐色,从果顶到果柄部都有黑色筋(图1-30,1-31)。

35

图1-30　番茄筋腐病外观　　　图1-31　番茄筋腐病内部

发病原因

果实膨大期,光照不足、气温过高或偏低等环境因素是发病的主要原因;土壤过湿或板结,通透性差,阻碍铁的吸收和转移,会引发筋腐病;土壤养分失调,氮肥过多,缺钾和铁等因素都会诱发此病。

防治方法

①选择发病较轻的品种。

②采用透光好的薄膜,适当稀植等措施,增加光照,改善光照环境。

③不要大水漫灌,宜小水勤浇,雨后及时排水。

④合理施肥,施用充分腐熟的有机肥,果实膨大期少施氮肥,多施钾肥和铁元素。

4.日灼病

主要症状

设施番茄栽培行外侧的果实上容易发生日灼,果实的果肩部位受害最重,被灼伤的果皮上呈现褪绿白斑,透明革质状,不开裂,失水后受害部位略凹陷,果肉坏死,褐色,干缩变硬。坏死的部位会长出黑霉,甚至腐烂(图1-32)。

发病原因

由于番茄定植过稀、整枝过重、摘叶过多，叶片遮阴不足，果实暴露在枝叶外面，强光照射果面而被灼伤。遇见天气干旱、土壤缺水、雨后暴晴，会加重病情。

图1-32 日灼病

防治方法

加强栽培管理。定植时，密度要适宜，整枝、打杈要适时、适度，果实上方要保留叶片遮阴。搭架时，尽量将果穗安排在番茄架的内侧。温室、大棚要注意及时通风，使叶面温度下降，阳光过强时，可覆盖遮阳网，降低棚室温度。

5.脐腐病

主要症状

脐腐病是典型的生理病害。发病从幼果期开始，果实顶部为水浸状暗绿色或深灰色斑点，随着病斑发展很快变成暗褐色，且病斑多为圆形，潮湿时病斑上会生黑霉。

果肉失水,顶部呈扁平或凹陷状,一般不腐烂,不开裂(图1-33,1-34)。

图1-33 番茄脐腐病:病果

图1-34 番茄脐腐病

38

发病原因

主要是土壤中缺钙造成的。盐渍化土壤,植株根部受损或水分过多等都会影响植株从土壤中吸收钙。施氮肥过多,也会阻碍植株对钙的吸收。在土壤干旱、空气干燥、连续高温时易出现大量的脐腐果。

防治方法

①科学施肥,除了施足腐熟的有机肥外,还要用一定量的钙肥,防止土壤缺钙。

②均衡供水,土壤不能忽干忽湿,否则容易引起脐腐

病和裂果。

③在坐果期进行叶面补钙，进入坐果期后就开始连续喷施钙肥，如绿芬威3号或13号1000倍液，每7~10天1次，效果很好，可基本避免发生脐腐病。

④在幼果期要及时摘除脐腐果，减少植株体内的养分消耗，保证好果生长。

6.高温障碍

主要症状

设施春茬番茄后期、秋茬番茄早期，经常出现高温。棚室高温湿润的环境，会导致叶片扭曲；高温干燥的环境，叶片的叶缘会焦枯。极端高温时，叶片会逐渐褪绿后变黄枯死，幼叶被灼伤为永久性萎蔫，干枯而死，果皮会坏死(图1-35，1-36)。

发病原因

白天温度超过30℃，夜间温度超过25℃，番茄生长迟缓，影响

图1-35　高温障碍：叶片扭曲

40

图1-36 高温障碍:叶缘焦枯

结果;超过40℃,生长停顿,超过45℃,茎叶被灼伤。

 防治方法

遇高温最有效的办法就是及时放风,降低叶面温度。春茬放风时要先小后大,先顶部通风,后下部通风。秋茬放风要由大到小。其次,还可以采取遮阴的办法,比如覆盖部分草苦等,防止棚室内温度上升过高。另外,还要及时浇水,保持土壤湿润,降低地温。

7.低温冷害

主要症状

不同品种番茄对低温的耐受力不同,但番茄遇低温时有一些共同的表现,如叶片扭曲、皱缩,整株叶片都是如此;再如叶缘、叶肉逐渐变白坏死,以至萎蔫干枯。突然遇到冷害时,叶面直接表现为褪绿斑。植株的叶片大量枯死,产量大幅降低(图1-37)。

图 1-37　低温冷害

发病原因

当气温低于13℃时，番茄不能正常坐果，夜温低于15℃造成落花落果，气温低于10℃易发生冷害，长时间低于6℃植株将死亡。

防治方法

在栽培时，选用耐低温品种，并加强管理。注意缓和放风，避免急剧降温；采用地面覆盖，提高地温，增强植株抗寒能力。

8.畸形果

主要症状

果实形状不正常,通常有椭圆、扁圆、菊花、尖顶、横裂和顶裂等形状,还有种子外露的(图1-38至1-40)。

42

1-39 畸形果

图 1-38 畸形果

图 1-40 畸形果

发病原因

导致椭圆果、扁圆果、菊花果、横裂果和顶裂果等畸形果的首要原因是番茄苗期和花芽分化期遇低温。此外，激素使用不当，会造成尖顶果。

防治方法

首先要选择产量高、抗逆性强的品种。然后，控制适宜的育苗条件，这是控制畸形果的关键，在苗期应采取保温措施，使最低温度不能低于8℃，白天应保持在18℃以上。还要控制苗期的氮肥用量和土壤湿度，防止营养积蓄过多导致的畸形果。

43

9.空洞果

主要症状

又称空心果(图1-41)，果实外形不圆滑，有棱沟，果皮塌陷，果实异常的轻和软。果肉不饱满，果实内部有较大的空腔。

图1-41　空洞果

发病原因

空洞果形成可能是授粉和胚珠受精不良，夜间温度低于13℃，白天温度高于30℃，或使用植物生长调节剂不当，或结果期水肥不足造成的。

防治方法

在开花期和幼果期，要控制昼夜温度在15℃~28℃之间。在结果期，要注意肥水供应。此外，使用植物生长调节剂时，掌握使用时期和适宜的浓度，不要对未成熟的花蕾使用植物生长调节剂，植物生长调节剂的浓度也不要太高，否则易出现果实空心。

10. 网纹果

主要症状

果实接近成熟时，从果实表面可以清楚看见果肉呈网纹状（图1-42）。网纹果采收后会迅速软化，味道不好，保存时间短。

图1-42 网纹果

造成网纹果的主要原因是土壤缺水干旱,番茄植株根系不能很好地吸收磷、钾,造成果实生理失调、代谢紊乱。另外,施肥过多或极端缺肥也会产生网纹果。种植的番茄品种之间也有很大的差别,长势弱的品种易形成网纹果。

＋　防治方法

选择长势强的品种,选用壮苗定植。栽培管理中,要注意适时适量浇水,防止土壤干裂,增补施磷、钾肥,促进植株生长,可有效减少网纹果的发生。

45

三、其他

1.沤根

主要症状

番茄不长新根,幼根表面开始呈锈褐色,然后逐渐腐烂,导致叶片变黄,严重的萎蔫枯死,幼苗易被拔起。

发病原因

很多原因可造成沤根,比如温度过高、过低、干旱、肥料不腐熟等。

➕ 防治方法

整地时畦面要平，苗床管理时要注意放风，在幼苗生长阶段要控制土壤温度，达到预防沤根的目的。一旦发现有沤根时，要正确分析发生的原因，采取相应的防治措施，及时处理沤根，比如及时松土，提高地温，促进新根生长。当植株轻度萎蔫时，在茎基部覆土，可促进新根生长。

2.落花落果

主要症状

花朵和幼果脱落。常发生在早春或高温季节栽培上(图1-43)。

发病原因

图1-43　落花

两方面的原因，一是由于遗传的原因，花芽质量差;二是外界环境条件不良，如夜温高、光照不足、干旱缺水、供肥不足等，造成落花落果。

培育壮苗,加强栽培管理,防高温、干旱、徒长。可用萘乙酸防止落花落果。

3.坐果药剂2,4-D药害

主要症状

在低温季节栽培番茄时,往往用2,4-D涂抹花梗,以促进坐果,但此药容易产生药害。受害果实顶端出现乳突,俗称"桃形果"或"尖头果"。受害叶片呈萎蔫状,细长,叶缘扭曲畸形,呈鸡爪状。茎蔓或叶脉凸起,颜色变浅(图1-44)。

图1-44 2,4-D药害:蕨叶型

发病原因

所使用的2,4-D药液浓度不当。浓度过高、重复抹花等会造成果实畸形;药液直接蘸、滴到嫩枝或嫩叶上导致茎蔓产生药害。

防治方法

首先,严格掌握2,4-D合理使用浓度和方法。气温在15℃~20℃,浓度为10~15毫克/升为宜。随气温增高,降低浓度,必要时浓度可降到6~8毫克/升。其次,蘸花要适时,当天开的花蘸早了易形成僵果,晚了易裂果。前期气温低,花数少,每隔2~3天蘸一次,盛花期最好每天或隔天蘸。第三,在配制好的2,4-D药液中加入红墨水等颜料,在处理部位留下标记,防止重复蘸花。最后,使用2,4-D药液时,防止直接蘸到嫩枝或嫩叶上,严禁喷洒。

辣　椒

第一节 设施栽培主要茬口品种选择

辣椒设施栽培包括温室栽培、大棚栽培、中小棚栽培以及网室栽培等多种形式。北方地区主要以温室、大棚栽培为主。京津地区辣椒设施栽培模式前几年主要以冬春茬日光温室和早春大棚栽培为主,随着市场经济的转变,受商品价格与经济效益的驱动,栽培模式逐步调整,秋延后大棚与秋冬茬日光温室栽培面积逐年增加。

目前京、津、冀地区辣椒设施栽培的主要模式与茬口有冬春茬日光温室、春提早大棚、秋延后大棚以及秋冬茬日光温室4种,不同茬口与模式的播种期、定植期、采收期及品种推荐(不同地区可根据当地市场需求选择同类型其他品种)见右表。

一、冬春茬日光温室栽培品种选择

冬春茬栽培实际上是早熟栽培,既要注意品种的早熟性,又要兼顾丰产性和抗病性等。应选用耐低温、对光照要求不严格、抗病能力强、丰产性好、品质优良的中早

栽培茬口与模式	播种期、定植期、采收期	品种推荐
冬春茬日光温室	11月上中旬播种； 1月下旬~2月上旬定植； 3月中旬~7月上旬采收	吉武、雷恩、新绿宝、津椒18号、胜利者、凯撒
春提早大棚	1月中下旬播种； 3月下旬~4月上旬定植； 5月上旬~7月下旬采收	正鸿一号、金富6号、牛角王、福美、津丰椒2号
秋延后大棚	6月下旬~7月上旬播种； 8月定植； 9月上旬~11月上旬采收	格美长椒、国福309长牛角、雄狮一号、太空金龙、津丰椒2号
秋冬茬日光温室	8月下旬~9月中旬播种； 9月下旬~10中旬定植； 11月下旬~翌年5月采收	吉武、津椒16号、龙腾一号、凯撒、东川太郎、蒂王

熟品种。目前常用的辣椒有吉武、雷恩、新绿宝、津椒18号、胜利者、凯撒等。

1. 吉武

　　吉武(图2-1)是由山东省寿光市瑞丰种业提供的优良辣椒新品种，该品种为杂交一代优质品种。无限生长型，植株长势旺盛，连续坐果能力强，膨果速度快。果实成

熟为浅黄绿色,光滑有光泽,肉质厚,辣味适中,果长32厘米左右,果径4.5~5.0厘米。商品性极好,抗逆性好,高抗病毒病、疫病等多种土传病害。

京津地区适用于早春以及秋冬茬栽培,该品种喜好有机肥,底肥要腐熟充足,重施基肥,勤追肥。为确保高产稳产,门椒最好不留果,确保植株健壮不衰,注意防治病虫害,及时采收,促进坐果生长。

图2-1 吉武

52

2.雷恩

雷恩(图2-2)是河南农大豫艺种业有限公司选育的杂交一代辣椒新品种。早熟,植株旺盛,株型紧凑,节间短,坐果能力强,可连续坐果不坠秧。果实粗大,横径4~6厘米,果长30~35厘米,嫩果淡绿色,有光泽,高商品性。辣味适中,果肉厚,最大单果

图2-2 雷恩

重150~200克,果实发育速度快。抗病毒病,亩产可达12 000千克左右。适应性强,适合越冬保护地栽培。

京津地区适用于冬春茬温室、大棚栽培。12月上中旬播种,2月上旬~3月中旬定植于大棚或温室中,定植后注意保温增温,同时还要适当通风,防止病害与烂秧,结果后期进行必要的整枝打杈,利于通风透光减少病虫害的发生,前期注意保温增温,后期注意肥水调节。该品种株型紧凑,适当合理密植,每亩定植3500株左右。

3.新绿宝

新绿宝(图2-3)是北京阿特拉斯种业有限公司选育的杂交一代辣椒新品种。植株长势旺盛,中早熟,叶片大,连续结果性较好。果实特大特长,牛角形,翠绿色,光泽度好,微辣。果长24~32厘米,果径4.5~6.0厘米,单果重约120克,果面稍有

图2-3　新绿宝

皱褶,商品性好。抗病性:抗烟草花叶病毒,耐黄瓜花叶病毒、疫病等。适宜春保护地及冷凉地区露地栽培。

53

　　京津地区适用于冬春茬温室、大棚栽培。12月上中旬播种，苗龄65~70天，2月上旬~3月中旬定植于大棚或温室中，定植后注意保温增温，同时还要适当通风，防止病害与烂秧，结果后期进行必要的整枝打杈，利于通风透光减少病虫害的发生，前期注意保温增温，后期注意肥水调节。该品种秧高叶大，适当加大株行距，每亩定植2500株左右。

4.津椒18号

54

　　津椒18号（图2-4）是天津科润公司蔬菜研究所精心培育的优良杂交一代辣椒新品种，中熟粗长黄皮牛角椒品种。株高50厘米，开展度45厘米，果长25~27厘米，宽4.5厘米，单果重120克，果肩略皱，青熟果黄绿色，红果艳丽，硬

图2-4　津椒18号

度好，微辣。膨果速度快，后期果实较长。抗病毒病，耐疫病，品质好、产量高。适宜全国各地喜爱黄皮大牛角椒地区保护地栽培。

京津地区适用于冬春茬温室、大棚栽培。12月上中旬播种,2月上旬~3月中旬定植于大棚或温室中, 定植后注意保温增温,同时还要适当通风,结果后期进行必要的整枝打杈,利于通风透光减少病虫害的发生,前期注意保温增温,后期注意肥水调节。该品种株型紧凑,适当合理密植,每亩定植3200株左右,亩产4000千克以上。

5. 胜利者

胜利者是北京阿特拉斯种业有限公司选育的杂交一代辣椒新品种,中早熟牛角椒一代杂交种。果色翠绿,果面光滑,果型顺直,果长28~30厘米,最长果可达35厘米以上,果肩粗5.5厘米左右,单果重150~180克。果实商品性好,耐贮运。抗病性优良,对病毒病、炭疽病、疫病有较强抗性。品种抗逆性强,耐低温、高温。适应性广泛,露地、保护地均可种植。

京津地区适用于冬春茬温室、大棚栽培。12月上中旬播种, 苗龄65~70天,2月上旬~3月中旬定植于大棚或温室中,定植后注意保温增温,同时还要适当通风,防止病害与烂秧,结果后期进行必要的整枝打杈,利于通风透光减少病虫害的发生,前期注意保温增温,后期注意肥水调节。

二、春提早大棚栽培品种选择

春提早大棚种植辣椒，由于塑料大棚具有增温透光等作用，能创造有利于辣椒生长发育的条件，有效避开了冬季和早春的不良环境对辣椒生产的影响，能提早辣椒上市时间，可弥补春末夏初淡季市场供应，经济效益相当明显。

塑料大棚春提早辣椒栽培即在早春季节利用塑料薄膜大棚栽培辣椒，成熟期比露地栽培提早30~40天。高温季节撤膜覆盖遮阳网，控制好肥水，能够安全度过炎夏，秋季继续扣棚，加大肥水供应，迎来二次产量高峰，可一直生长到秋末冬初，结果采收期比露地栽培延长20~30天。实践表明，塑料大棚栽培辣椒能早熟、产量高，其产值远远超过露地栽培。因此，近年来塑料大棚春提早辣椒栽培面积发展迅速，栽培技术也日益成熟，尤其在我国北方地区，它已成为辣椒栽培的一种主要形式，经济效益突出。塑料大棚春提早辣椒栽培的主要目的是争取早熟，因此这一栽培茬口应选用早熟、丰产、株型紧凑、适于密植的品种。

为满足北方市场对鲜食辣椒的需求，适应该茬的辣椒生产的特点，应选择早熟、抗病、耐低温、耐弱光、丰产性好的辣椒品种。目前常用的辣椒品种有正鸿一号、金富6号牛角王、福美、津丰椒2号等。

1.正鸿一号

正鸿一号是东方正大种子有限公司选育的杂交一代辣椒新品种,该品种为杂交一代优质品种。无限生长型,植株紧凑,连续坐果能力强,膨果速度快。果实成熟为浅黄绿色,光滑有光泽,肉质厚,中辣,果长32厘米左右,果径4.5~5.0厘米。商品性极好,抗逆性好,高抗病毒病、疫病等多种土传病害。耐低温,适应于春秋拱棚及江南地区露天种植。

京津地区以早春大棚栽培为主。12月下旬至翌年1月上旬播种,苗龄65~70天,3月上中旬定植于大棚或温室中,每亩定植3500~4000株,结果后期进行必要的整枝打杈,利于通风透光减少病虫害的发生,前期注意保温增温,后期注意肥水调节。

2.金富6号牛角王

金富6号牛角王是河南农大豫艺种业有限公司选育的杂交一代辣椒新品种。特大果高档绿皮辣椒,微黄,该品种早熟,生长势强,连续坐果能力突出,味辣,果长23~

57

31厘米,果径4.5~5.5厘米,单果重120~180克,抗疫病、病毒病能力强,综合性状及产量均超越301类牛角椒,适宜春秋大棚、早春拱棚栽培。

京津地区适用于早春大棚、中棚栽培。1月上中旬播种,苗龄70~75天,3月下旬~4月上旬定植于大中棚,40厘米×55厘米双垄定植,每亩定植4000~4500株,5月上旬开始采收,结果中期加大通风,降低温度防止落花落果,后期及时补充磷、钾肥料,防止秧体早衰。

3. 福美

福美是安徽福斯特种苗有限公司选育的杂交一代辣椒新品种。果形优美,连续结果能力强,产量高,商品性好的黄绿皮尖椒品种。早中熟,生长势强,坐果率高,高抗病害,耐热耐湿,抗逆性强。果长24~26厘米,果径4.0~4.5厘米,单果重90~110克,辣味适中。果色黄绿,果光滑顺直,果肉厚,商品性好。适合南方秋冬椒栽培及北方地区早春保护地栽培。

京津地区适用于早春大棚、中棚栽培。1月上中旬播种,苗龄70~75天,3月下旬~4月上旬定植于大中棚,40厘米×55厘米双垄定植,每亩定植4000~4500株,5月上旬开始采收,6上中旬月进入盛果期。亩产3500~4000千克。

4.津丰椒2号

津丰椒2号(图2-5)是天津科润蔬菜研究所培育的特早熟、微辣型、大羊角椒新品种。植株低温下发育快,坐果性极强,结果多,单株可达60个以上。果形长达30厘米以上,果径4厘米,单果重100克左右。果皮浅绿色,表皮光滑,商

图2-5　津丰椒2号

品性好,品质极佳。植株生长旺盛,叶色浅绿,抗病性强,亩产5000千克以上,是目前早春、秋延后栽培理想的品种。

三、秋延后大棚栽培品种选择

辣椒秋延后大棚栽培的特点是在塑料大棚内进行反季节栽培,即夏播、秋栽以及秋冬季收获。全生育期温度由高到低。前期天气炎热高温、阴雨高湿,栽培管理稍有

疏忽,易诱发疫病和病毒病大发生,造成大幅度减产,甚至绝收;中期气温比较适宜,但是开花结果及果实生长的适宜温度时间短;后期保果阶段又进入严冬季节,防寒保暖措施要得力,否则辣椒果实易受冻害。因此辣椒秋延后大棚栽培难度大,技术性强,生产管理水平要求高。

华北地区由于秋季比较短,所以秋延后大棚辣椒一般选择耐高温高湿、高抗病毒病、耐热、抗寒性强、植株紧凑、挂果率高、坐果集中、丰产性好且果大肉厚的中早熟品种。目前市场上生产销售比较好的有格美长椒、国福309长牛角、雄狮一号、太空金龙、津丰椒2号等国内外优良品种。

1. 格美长椒

图2-6 格美长椒

格美长椒(图2-6)是东方正大种子有限公司选育的杂交一代辣椒新品种,日本杂种优良杂交一代。植株无限生长型,长势旺盛,分枝力强,辣味适中,品质极佳。果长28~35厘米,果径5厘米左右,单果重150克左右,果实膨大速度快,连续结果能力强，周年栽培亩产10 000千克以上。高抗病害,耐低温、弱光,是北方地区保护地栽培首选品种。

京津地区适用于秋延后温室、大棚栽培。7月下旬~8月下旬播种,苗龄35~40天,8月下旬~10月上旬定植于大棚或温室中,每亩定植3200~3500株,这一茬口前期控制温度,定植后及时降温,防止落花落果,当夜间温度降到12℃以下时,夜间及时闭棚,后期适当通风降低湿度,尽量少浇水,减少病害的发生。

2.国福309长牛角

国福309长牛角(图2-7)是北京京研益农种苗开发中心培育的优良杂交一代辣椒品种,早熟,丰产辣椒F1杂交种。果实特长牛角形,果基微皱,果型较顺直。果长27~29厘米,果径5.0~5.2厘米,肉厚0.35厘米,单果重100~150克,果皮黄绿色,较耐贮运;较耐热耐湿,低温耐受性强,抗病毒病和青枯病。适于北方地区保护地种植。

图2-7 国福309长牛角

京津地区适用于秋延后大棚栽培。7月下旬~8月上旬播种,苗龄35~40天,8月下旬~9月中旬定植于大棚或温室中,单垄或双垄定植,每亩定植3000~3500株,前期预防高温伤害,防治蚜虫和茶黄螨,后期防治烟青虫,10月上中旬开始采收。

3. 雄狮一号

图2-8 雄狮一号

雄狮一号(图2-8)是北京格瑞特国际种苗有限公司选育的杂交一代辣椒新品种,该品种为引进日本原种,是早熟、抗病、丰产的杂交一代品种。植株长势中等,连续坐果能力强。果实膨果迅速,单果重130~150克,果实肩宽4~5厘米左右,果长26~29厘米左右,最长可达36厘米,味微辣,品质优秀。果实浅绿色,外观顺直美丽,市场性特好。抗病性好,抗病毒病、疫病等。易栽培,耐寒、耐热性强,是最新育成适宜冬暖棚、日光温室、仰拱大棚秋延迟及早春栽培的优秀品种。

京津地区适用于秋延后温室、大棚栽培。7月下旬~8

月下旬播种，苗龄35~40天，8月下旬~10月上旬定植于大棚或温室中，35厘米×70厘米单垄定植，每亩定植2800~3000株，10月上中旬开始采收，11~12月进入盛果期。这一茬口前期控制温度，防止落花落果，后期适当通风降低湿度，防止各类病害的发生。

4. 太空金龙

太空金龙(图2-9)是安徽福斯特种苗有限公司选育的杂交一代辣椒新品种，利用航空搭载定向诱变选育的新一代品种。早熟，长势强健，抗病性强。果皮黄绿光亮，果长30~36厘米，果径4.0~4.5厘米，单果重150克左右。耐低温，抗高温，坐果率高，连续结果能力

图2-9　太空金龙

强，产量高。适用于华北地区冬春茬日光温室、华中地区早春及秋延后大棚栽培。

京津地区适用于秋延后温室、大棚栽培。7月下旬~8月下旬播种，苗龄35~40天，8月下旬~10月上旬定植于大棚或温室中，10月上中旬开始采收。这一茬口前期控制温

度,定植后及时降温,防止落花落果,后期适当通风降低湿度,尽量少浇水,随水追施速效肥料,确保后期稳产。

四、秋冬茬日光温室栽培品种选择

日光温室辣椒秋冬茬栽培是温室栽培的最广泛、最主要茬口,也是经济效益最高、栽培难度最大的茬口。这一茬口栽培历程是高温育苗、高温定植及低温结果,整个生长期从高温到低温,再由低温到高温,历经8~9个月。

秋冬茬一般选用抗病毒病、前期耐热、后期耐低温弱光、生长势强、结果性好、高产优质大果型、厚皮的中熟和中晚熟品种。可选用吉武、津椒16号、龙腾一号、凯撒、东川太郎、蒂王等。

1. 津椒16号

津椒16号(图2-10)是天津科润蔬菜研究所培育的优良杂交一代辣椒新品种,中早熟牛角形一代杂交品种。果色浅黄绿色,有光泽,果直而光滑,适应性强,肉厚耐远运、久贮,货架期长,果长25~35厘米,果径3.5~4.5

图2-10　津椒16号

厘米,最大单果重可达120克,坐果集中,产量高,抗病性特强,亩产5000千克以上。适合东北、华北地区的温室、大棚等保护地秋冬季节栽培和华中、华南地区露地越夏栽培。

京津地区适用于秋冬茬温室栽培。7月下旬~8月上旬播种, 苗龄35~40天,8月下旬~9月中旬定植于大棚或温室中,10月上中旬开始采收,11~12月进入盛果期。本品种生长势强,坐果率高,应分批采收,多次追肥以保持生长势旺盛,冬季增强光照、保温降低湿度、减少病害是管理重点。

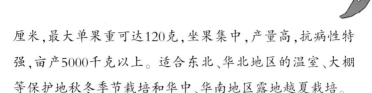

2.龙腾一号

龙腾一号是北京格瑞特国际种苗有限公司选育的一代杂交大果型黄皮羊角椒新品种。早熟、抗病、适应性强、耐低温弱光,连续坐果能力强,果实淡黄绿色,光亮肉厚,微辣,粗长羊角形,整齐度高,商品性好,耐贮运。适应冬暖式大棚、春秋拱棚及露地栽培。

京津地区适用于秋冬茬温室栽培。7月下旬~8月上旬播种,苗龄35~40天,8月下旬~9月中旬定植于大棚或温室中, 10月上中旬开始采收,11~12月进入盛果期,本品种生长势强,坐果率高,应分批采收,多次追肥以保持生长势旺盛,定植前施足基肥(腐熟的有机肥),坐果后加强钙肥施用。

图2-11 凯撒

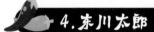

3.凯撒

凯撒(图2-11)是天津科润蔬菜研究所培育的抗病中早熟杂交一代。11~12片叶显蕾,定植后28~30天收获,秧体直立性好,叶片大,节间较短,坐果率极高,单株结果数20~25个。平均单果重可达120克,果长20~25厘米,果径5~6厘米,果皮厚度4.0~4.5毫米,果实大牛角形,果皮比较光滑,品质好,商品性极佳。抗烟草花叶病毒病,耐疫病,比较耐高温强光,适合日光温室和大棚等保护地的冬春茬和秋冬茬栽培,适宜单株定植,每亩产量可达到5000~5500千克。

4.东川太郎

东川太郎(图2-12)是由内蒙古丰田种业提供的优良辣椒新品种,从日本引进的杂种优良杂交一代。无限生长型,长势旺盛,分枝力强,辣味适中,品质极佳。果长

28~35厘米，果径5厘米左右，单果重150克左右，果实膨大速度快，连续结果能力强，周年栽培亩产10 000千克以上。高抗病害，耐低温、弱光，是保护地首选品种。

图2-12　东川太郎

京津地区适用于冬春茬栽培。8月下旬至9月上旬播种，苗龄35~40天，10月中下旬定植于温室中，35厘米×70厘米单垄定植，每亩定植2800~3000株，11月中下旬开始采收，12月至翌年1月进入盛果期，亩产3800~4200千克，后期及时追肥补充养分。

5. 蒂王

蒂王是由山东省寿光市瑞丰种业提供的优良辣椒新品种，该品种是由日本引进三系杂交而成的一代优质品种。无限生长型，长势旺盛，连续坐果能力强。果成熟为黄绿色，光滑亮泽好，辣味浓，肉质厚，果长32厘米左右，最长能达到41厘米，果径4.5~5厘米。商品性极佳，高抗病毒病、疫病等多种土传播病害。耐低温。适合秋延、早春及越冬保护地栽培。

京津地区适用于冬春茬栽培7月下旬~8月上旬播种，苗龄35~40天，8月下旬~9月中旬定植于大棚或温室中，35厘米×70厘米单垄定植，或40厘米×50厘米双垄定植，每亩定植2800~3000株，11月进入采收旺季，可连续采收至春节后，经济效益相当可观。

第二节　水肥管理

68

一、冬春茬日光温室栽培水肥管理

1.追肥

在定植后的缓苗期间用0.4%的磷酸二氢钾进行叶面喷施，有利于缓苗和发根。辣椒在对椒坐果后，不仅植株营养生长旺盛，上面又陆续开花坐果，这是追肥的关键时期。当对椒长到3~4厘米大小(方形椒为纵径、长形椒为果长)时，结合浇水进行初次追肥，每亩可随水稀释硫铵15千克以及钾肥8~10千克。以后根据情况每隔2~4水追肥1次。施肥要注意促平衡，对植株要促小不促大，促弱不促旺。进入结果盛期后随着植株发育和果实的膨大,植株对营养的需求逐渐加大,追肥次数也要逐渐增加,每次每亩追施尿素(或硫酸铵)20千克加氮磷钾复合肥30千克,以后酌情每浇2次水追施一次肥。为防止植株早衰,除了地下土壤追肥以外,还要进行根外叶面喷施,7~10天喷施一次,每次喷0.1%的尿素和0.2%磷酸二氢钾溶液。

2.浇水

定植前浇底水,定植后5~7天后酌情浇缓苗水,水量要小,缓苗期间进行叶面喷雾,这是促进缓苗和增产的秘诀。缓苗后在膜下浅沟暗浇1~2次水,再行蹲苗,直到门椒膨大生长后与追肥配合选择晴天正式浇第一次水,以后根据生长和天气变化,采取小水勤浇的方法。为了提高地温促进根系的生长,开花以前尽量控制浇水。冬春茬辣椒要特别注意以下几点:一是浇水方法要坚持做到膜下暗灌,有条件的可实行膜下滴灌。这样可以有效阻止地面水分蒸发,降低温室内的空气湿度,防治病害发生。二是浇水时间最好选晴天的上午进行,此时地温恢复快,可有足够的时间排除温室内的湿气。三是控制浇水量,室内冬季浇水不宜大水漫灌,一定要根据天气和植株生长情况而定。进入结果盛期后，随着温度的升高、开花结果的吸收以及秧体蒸发量的增大，可以根据土壤墒情及查收情况，每隔5~7天浇一次水。

二、春提早大棚栽培水肥管理

早春大棚栽培最好采用地膜覆盖形式，一是可以提高地温提早采收5~7天；二是可以控制地面水分蒸发，降低棚内湿度，有效减少病害发生次数与蔓延速度；三是非常有效控制杂草。

定植缓苗后，未做地膜覆盖的，可视土壤墒情进行蹲苗中耕。中耕第一次宜浅，第二次宜深，第三次宜浅。期间若土壤干旱，可浇一次小水。一直到第一个果实坐住后，才开始浇水，其后一直保持土壤湿润，早春浇水应在晴天上午进行，浇水时间、浇水量和次数视苗长势及土壤含水量灵活掌握。门椒膨大前一般不轻易浇水，以防引起植株徒长和落花落果。盛果期每7~10天浇水，1次清水1次肥水。由于辣椒是浅根系作物，因此本着"少吃多餐"的原则，浇水最好在晴天上午，以免诱发一些病害。辣椒喜肥，前期大棚内还要坚持叶面喷用0.5%的磷酸二氢钾，配合使用光合促进剂、光呼吸抑制剂、天然芸薹素等，每7~10天喷用1次，共喷

5~6次剂。门椒、对椒采摘后,每收一批果追1次肥,每次随水追尿素、复合肥或磷酸二铵8~10千克;结果中后期,为防早衰,可用0.5%磷酸二氢钾或尿素水溶液进行叶面喷施。

三、秋延后大棚栽培水肥管理

1.定植后至缓苗期

根据土壤墒情,定植后3~4天浇缓苗水,浇缓苗水一定要在下午3点以后进行,浇水量视土壤湿度大小可大可小酌情处理。随后及时中耕松土,培土稳苗。培土封沟后要适当蹲苗(即适当控制水分),促使根系向纵深发展,达到根深叶茂,这一时期基本上不需要追肥。

2.开花结果期

门椒及早摘除,当第二层果实达到2~3厘米大小时,植株茎叶和花果同时生长,要及时浇水和追肥,每亩施入尿素10千克、磷酸二铵10千克,施肥后应及时中耕,改善土壤的通透性,并提高土壤的保肥能力。这一时期由于蒸发量比较大,每隔5~7天灌水一次,通过灌水降温、增湿,满足植株生长的环境条件。四母斗椒坐果后每亩随水追施三元素(液态)复合肥10千克。

71

盛果期的管理:进入10月份气温凉爽、日照充足,适合辣椒的生长发育,是辣椒开花结果的高峰时期,所以要加强水肥管理,促进辣椒多结果实,增加产量。为防止坠秧,要及时采收下层果实(对椒和四母斗椒),并要加强浇水追肥,随温度降低灌水间隔天数由5~7天增加到7~10天。采收盛期每10天追施一次复合肥,每亩每次10~15千克,另外增加5~8千克氯化钾。根外追肥3~5次,每次用0.5%尿素加0.2%~0.3%磷酸二氢钾进行叶面追肥,提高结果数和果实品质。

四、秋冬茬日光温室栽培水肥管理

定植后至缓苗前可适当通风,保持高温、高湿环境7天左右,以促进缓苗、发棵。定植后的前几天中午温度较高时,要放遮阳网降温,白天棚温保持在28℃~30℃,夜间16℃~20℃。白天最高温度超过35℃时,要注意放风,防止烤苗。定植后5~7天,待定植穴略干时,要及时浇缓苗水,然后待土表略干时锄划1~2次,不宜过深,一般3~5厘米即可。在此期间,主要防治死棵,可以在定植7天左右结合浇缓苗水用BT生物菌剂500倍液灌根,可有效预防秧苗死棵。此时,温度过高容易发生病毒病,要提前预防,并且发病初期要及时喷药防治,严重植株要及时清除。

开花期白天温度依然很高,但夜间温度比较低。白天中午前后可适当通风降温,夜间必须关闭风口。开花前可以追一次肥,浇一小水,以促进茎叶生长,门椒开花时要控制浇水,此后不久植株开始封垄。这一时期浇水很重要,通过控水来促进辣椒根系的生长,并协调营养生长和生殖生长,控制植株早坐果,多坐果。这一阶段一般浇两次水,即开花水和坐果水。对椒坐果以后可适当追施一次磷钾复合肥,一般随坐果水每亩追施15~20千克,以保持营养生长旺盛的势头,前期产量才有保证,也避免了病毒病的发生为害。

随着时间的推移,到11月下旬,温度越来越低,要压住底风口并覆盖草苫。此时高垄栽培要覆盖地膜,保持地温,降低湿度,要及时清除下部老叶,清除时要选择晴天上午,清除完后要及时喷药。进入结果期以后随着茎叶旺盛生长以及果实的膨大,土壤养分需要及时补充,所以整个生长期间水肥不能缺少。要结合浇水多次施肥,也可以进行叶面施肥。施肥规律是结果前期可以8~10天浇一次水,盛果期5~7天浇一次水,每隔一次水施一次肥。施肥原则是以氮肥为主,复合磷肥、钾肥交替使用。一般每亩施入硫铵或尿素10~25千克,再加上氯化钾15~20千克、过磷酸钙10~15千克。追肥可攻果保秧,防治落花落果。

进入结果后期,外界处于严寒的冬季,此时气温最低。这一阶段的管理重点是白天提高光照强度、延长光照时间以提高温度,夜间努力保温。棚内必要时加扣二层小拱棚,白天控制温度在20℃~28℃,夜间控制温度在15℃~20℃,地温保持在13℃以上。各种保温措施一定要提前准备,尤其当温度不能保证时要加盖双层蒲席或草苫。在深冬季节,一般低温期一定要尽可能不浇水或少浇水,浇水宜选择晴天上午小水带肥,以养根、护根为主,严禁施用高浓度复合肥。进入3月以后要拆掉棚内二层膜和地膜,随着温度的升高可加大肥水量(可以施用少量氮肥),以促进返棵,加速秧体生长,一般每亩追施尿素、氯化钾和过磷酸钙各10~15千克。3月下旬以后天气回暖,棚内温度快速升高,管理时要控制棚内白天温度不要太高,可以适当在顶部通风降温,但不要过早开底风口。此时进入第二个结果高峰期,清理秧体下部的老、弱、病、残叶片,提高株行间的通透性,随着果实的采摘,根据土壤墒情每隔10天左右浇一次水,每采收2次,就要追施一次肥料,以磷、钾肥为主,每次追施10~15千克,直至拉秧结束。

第二部分　辣椒

第三节　常见生理病害

一、由缺素造成的生理病害

1.缺氮

图2-13　缺氮

主要症状

植株瘦小,叶小且薄,发黄,后期叶片脱落(图2-13)。

发病原因

前茬施用有机肥或氮肥少,土壤中含氮量低、降雨多、氮素淋溶多时易造成缺氮。

防治方法

施用日本酵素菌沤制的堆肥或充分腐熟的有机肥,采用配方施肥技术。为避免缺氮基肥要施足,此外也可每亩施用绿丰生物肥50~80千克,温度低时,施用硝态氮化肥效果好。在初果期和盛果期,应补施尿素或碳铵,应急时也可在叶面上喷洒0.2%碳酸氢铵。

75

 主要症状

苗期显症，植株瘦小发育缓慢，成株缺磷，叶色深绿，叶尖变黑或枯死，停滞生长，从下部开始落叶，不结果(图2-14)。

图2-14 缺磷

发病原因

苗期遇低温影响磷的吸收，此外土壤偏酸或紧实易发生缺磷症。

防治方法

育苗期及定植期要注意施足磷肥，如不足，应补施过磷酸钙。也可叶面喷洒0.2%~0.3%磷酸二氢钾或0.5%~1%过磷酸钙水溶液。

3.缺钾

 主要症状

花期显症，植株生长缓慢，叶缘变黄，叶片易脱落，进

入成株期缺钾时，下部叶片叶尖开始发黄，后沿叶缘或叶脉间形成黄色麻点，叶缘逐渐干枯，向内扩至全叶呈灼烧状或坏死状；叶片从老叶向心叶或从叶尖端向叶柄发展，植株易失水，造成枯萎，果实小易落，减产明显(图2-15)。

图2-15　缺钾

发病原因

77

土壤中含钾量低或沙性土易缺钾，地温低、日照不足、湿度过大妨碍钾的吸收，或者施用氮肥过多对吸收钾产生拮抗作用。

防治方法

在多施有机肥的基础上，施入足够钾肥，可从两侧开沟施入硫酸钾、草木灰，施后覆土，也可叶面喷洒0.2%~0.3%磷酸二氢钾或1%草木灰浸出液。

4. 缺钙

主要症状

花期缺钙，株矮小，顶叶黄化，下部还保持绿色，生长点及其附近枯死或停止生长，引起果实下部变褐腐烂;后期缺钙,叶片上现黄白色圆形小斑,边缘褐色、叶片从上向下脱落,后全株呈光秆,果实小且黄或产生脐腐果(图2-16)。

图2-16 缺钙

发病原因

①施用氮肥、钾肥过量会阻碍对钙的吸收和利用。

②土壤干燥、土壤溶液浓度高也会阻碍对钙的吸收。

③空气湿度小,蒸发快,补水不及时及缺钙的酸性土壤上都会发生缺钙。

防治方法

要根据土壤诊断施用适量石灰，应急时叶面喷洒0.3%~0.5%氯化钙水溶液,也可施用惠满丰液肥400倍液、绿风95植物生长调节剂600倍液等。

植株生长缓慢,分枝多,茎坚硬木质化,叶呈黄绿色僵硬,结果少或不结果(图2-17)。

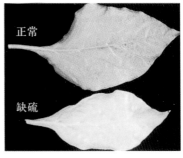

图 2-17 缺硫

发病原因

在棚室等设施栽培条件下,长期连续施用没有硫酸根的肥料易发生缺硫病。

防治方法

施用硫酸铵等含硫的肥料。

6.缺镁

主要症状

表现在下部老叶上,叶脉间失绿(图2-18,2-19)。

图 2-18 缺镁

图2-19　缺镁

发病原因

一般系土壤中含镁量低，有时土壤中不缺镁，但由于施钾过多或在酸性及含钙较多的碱性土壤中影响了对镁的吸收，有时植株对镁需要量大，当根系不能满足其需要时也会造成缺镁。生产上冬春大棚或反季节栽培时，气温偏低，尤其是土温低时，不仅影响了植株对磷酸的正常吸收，而且还会波及根对镁的吸收，引致缺镁症发生。此外，有机肥不足或偏施氮肥，尤其是单纯施用化肥的棚室，易诱发此病。

防治方法

首先注意施足充分腐熟的有机肥，改良土壤理化性质，使土壤保持中性，必要时亦可施用石灰进行调节，避免土壤偏酸或偏碱。采用配方施肥技术，做到氮、磷、钾和微量元素配比合理，必要时测定土壤中镁的含量，当镁不足时，施用含镁的完全肥料，应急时，可在叶面喷洒1%~2%硫酸镁水溶液，隔2天1次，每周喷3~4次。此外要加强棚室温湿度管理,前期尤其要注意提高棚温,地温要保持在16℃以上,灌水最好采用滴灌或喷灌,适当控制浇水,严防大水漫灌,促进根系生长发育。

7.缺铁

主要症状

新叶除叶脉外都变成淡绿色,在腋芽上也长出叶脉间淡绿色的叶。下部叶发生的少,往往发生在新叶上(图2-20至2-22)。

图2-20　缺铁

图2-21　缺铁

图2-22　缺铁

发病原因

土壤含磷多、pH值很高时易发生缺铁。由于磷肥用

量太多,影响了铁的吸收,也容易发生缺铁。当土壤过干、过湿、低温时,根的活力受到影响也会发生缺铁。铜、锰太多时容易与铁产生拮抗作用,易出现缺铁症状。

✚ 防治方法

当pH值达到6.5~6.7时,就要禁止使用碱性肥料而改用生理酸性肥料。当土壤中磷过多时可采用深耕、客土等方法降低含量。应急方法:如果缺铁症状已经出现,可用浓度为0.5%~0.1%硫酸亚铁水溶液对辣椒喷施,或用柠檬铁100毫克/千克水溶液每周喷2~3次。

82

8. 缺硼

主要症状

辣椒缺硼时,根系不发达,生长点萎缩死亡,花发育不全,果实畸形。果面有分散的暗色或干枯斑,果肉出现褐色下陷和木栓化(图2-23,2-24)。

发病原因

①土壤酸化,硼素被淋失或石灰施用过量均易引起缺硼。

图2-23　缺硼　　　　　　　图2-24　缺硼

②土壤干旱会影响植株对硼的吸收。

③在碱性土壤上,有机肥施用量少,也会出现缺硼的现象。

④一次使用钾肥过多时,也会出现缺硼的问题。

◆ 防治方法

底肥中每亩施用硼酸或硼砂1千克。植株发生缺硼时,叶面喷用硼酸或硼砂400~800倍液。

9.缺锰

■ 主要症状

上部叶叶脉仍绿,叶脉间浅绿色且有细小棕色斑点。

严重时叶片均呈黄白色,同时植株蔓变短,细弱,花芽常呈黄色(图2-25,2-26)。

图2-25　缺锰　　　　　　　　图2-26　缺锰

发病原因

锰多在植株生活活跃部分,特别是叶肉内,对光合作用及碳水化合物代谢都有促进作用,缺锰使叶绿素形成受阻,影响蛋白质合成,出现褪绿黄化症状。土壤有机质含量低、黏重、通气不良碱性土壤易缺锰。

防治方法

最好是科学施化肥,不要一次施用量多,而且注意全面混合施,不要使土壤中肥料浓度太高。其次是增加施用有机肥。发现病症可用0.2%的硫酸锰。

10.缺锌

主要症状

顶端生长迟缓,发生顶枯,植株矮,顶部小叶丛生,叶畸形细小,叶片卷曲或皱缩,有褐变条斑,几天之内叶片枯黄或脱落(图2-27)。

图2-27　缺锌

85

发病原因

光照过强或吸收磷过多易出现缺锌症,土壤pH值高,即使土壤中有足够的锌,也不容易溶解和吸收。

防治方法

土壤中不要过量施用磷肥,可施用硫酸亚锌,每亩1.3千克,应急时,叶面喷施0.1%~0.2%水溶液。

二、典型生理病害

主要症状

发生沤根的幼苗，长时间不发新根，不定根少或完全没有，原有根皮发黄呈锈褐色，逐渐腐烂。沤根初期，幼苗叶片变黄，阳光照射后白天萎蔫，叶缘焦枯，逐渐整株枯死，病苗极易从土中拔出。

发病原因

沤根多发生在幼苗发育初期，北方地区多在3~4月份发生。辣椒苗沤根的主要原因是苗床土壤湿度过高，或遇连阴雨天或雪天，床温长时间低于12℃，光照不足，土壤高湿缺氧，妨碍根系正常发育，甚至超越根系耐受限度，使根系逐渐变褐死亡。

防治方法

应从育苗管理抓起，宜选地势高、排水良好、背风向阳的地段作苗床地，床土需增施有机肥兼配磷、钾肥。出苗后注意天气变化，做好通风换气，可撒干细土或草木灰降低床内湿度,同时认真做好保温,可用双层塑料薄膜覆盖,夜间可加盖草帘或棉帘。如有条件,可采用地热线、营养盘、营养钵等方式培育壮苗。

 2.烧根

发生烧根时,根尖变黄,不发新根,前期一般不烂根,表现在地上部生长慢,植株矮小脆硬,形成小老苗,有的苗期开始发生烧根,到7~8月高温季节才表现出。烧根轻的植株中午打蔫,早晚尚能恢复,后期由于气温高、供水不足,植株干枯,似青枯病或枯萎病,纵剖茎部未见异常,别于上述两病。

87

发病原因

烧根现象多发生在幼苗出土期和幼苗出土后的一段时间,多与床土肥料种类、性质、多少紧密相连,有时也与床土水分和播后覆土厚度有关。如苗床培养土中施肥过多,肥料浓度高则易产生生理干旱性烧根;若施入未腐熟有机肥,经灌水和覆膜,土温骤增,促使有机肥发酵,产生大量热量,使根际土温剧增,也易导致烧根;若施肥不匀,

灌水不均以及畦面凹凸不平亦会出现局部烧根；若播后覆土太薄，种子发芽生根后床温高，表土干燥，也易形成烧根或烧芽。

✚ 防治方法

苗床应施用充分腐熟的有机肥，氮肥施用不得过量，灰肥应适当少施。肥料施入床内后要同床土掺和均匀，整平畦面，使床土虚实一致，并灌足底水。播后覆土要适宜，消除土壤烧根因素。出苗后宜选择晴天中午及时浇清水，稀释土壤溶液，随后覆盖细土，封闭苗床，中午注意苗床遮阴，促使增生新根。

88

3. 烧苗

主要症状

烧苗初期，幼叶出现萎蔫，幼苗变软、弯曲，进而植株叶片萎蔫，幼苗下垂，随高温时间延长，根系受害，整株死亡。

发病原因

多发生在气温多变的育苗期管理中期，因前期气温低，后期白天全揭膜，一般不易发生烧苗。高温是发生烧苗的主要原因,尤其是幼苗生长的中期,晴天中午若不及时揭膜进行通风降温,温度会迅速上升,当床温高达40℃以上时,极易产生烧苗现象。烧苗还与苗床湿度有关,苗床湿度大烧苗轻,湿度小烧苗则重。

✚ 防治方法

经常注意天气预报,晴天要适时适量做好苗床通风管理,使床温白天保持在20℃~25℃。若刚发生烧苗,宜及时进行苗床遮阴,待高温过后床温降至适温可逐渐通风,并可适量浇水,夜间揭除遮阴物,次日再行正常通风。

89

4.闪苗

主要症状

揭膜之后,幼苗很快发生萎蔫现象,继而叶缘上卷,叶片局部或全部变白干枯,但茎部尚好,严重时也会造成幼苗整株干枯死亡。

发病原因

当苗床内外温差较大,且床温超过30℃以上时,猛然大量通风,空气流动加速,引起叶片蒸发量剧增,失水过多,形成生理性干枯。同时因冷风进入床内,幼苗在较高的温度下骤遇冷流,也会很快产生叶片萎蔫现象,进而干枯,亦称冷风闪苗或"冷闪"。

➕ 防治方法

注意及时通风,当床温上升到20℃时,要适时正确掌握通风量,一般随气温升高通风量由小渐大,通风口由少增多。通风量的大小应使苗床温度保持在幼苗生长适宜范围以内为准。并要准确选择通风口的方位,应使通风口在背风一面。

90

5.僵苗(又称老化苗、小老苗)

主要症状

幼苗生长发育迟缓,植株瘦弱,叶片黄小,茎秆细硬,并显紫色,虽然苗龄不大,但看似如同老苗一样,故称"小老苗"。

发病原因

苗床土壤施肥不足,肥力低下(尤其缺乏氮肥),土壤干旱以及土壤质地黏重等不良栽培因素是形成僵苗的主要因素。另则透气性好,但保水保肥很差的土壤,如沙壤土育苗,更易形成小老苗。若育苗床上的拱棚低矮,也易形成小老苗。

➕ 防治方法

宜选择保水保肥力好的壤土作为育苗场地。配制床土时,既要施足腐熟的有机肥料,也要施足幼苗发育所需的氮、磷、钾营养,尤其是氮素肥料尤为重要。并要浇透底墒水,适时巧浇苗期水,使床内水分(土壤持水量)保持70%~80%。

91

6.徒长苗

主要症状

幼苗胚轴伸长,茎秆细高、节间拉长、茎色黄绿;叶片质地松软、叶身变薄、色泽黄绿、根系细弱。

发病原因

晴天苗床通风不及时,床温偏高,湿度过大,播种密度和定植密度过大,氮肥施用过量,是形成徒长苗的主要因素。此外阴雨天过多,光照不足也是原因之一。

➕ 防治方法

依据幼苗各生育阶段特点及其温度因子,及时做好通风工作,尤其晴天中午更应注意。苗床湿度过大时,除加强通风排湿外,可在育苗初期向床内撒细干土,依苗龄变化,适时做好间苗、定苗,以避免相互拥挤;光照不足时宜延长揭膜见光时间。如有徒长现象,可用200毫克/千克矮壮素进行叶面喷雾,苗期喷施2次,可控制徒长,增加茎粗,促进根细发育。矮壮素喷雾宜早晚进行,处理后可适当通风,禁止喷后1~2天向苗床浇水。

7.日灼病

主要症状

主要发生在果实上,向阳部分褪色变硬,显淡黄色或灰白色,病斑表皮失水变薄,容易破裂,并容易和其他菌腐生, 长一层黑霉或腐烂(图2-28至2-30)。

图2-28 日灼病

图2-29　日灼病

图2-30　日灼病

发病原因

93

　　主要原因是由于叶片遮阴小,早晨果面有露珠,阳光直射经水珠聚光作用而吸热,灼伤果实表面细胞,而成日灼。如果土壤缺水,天气干热,或忽晴忽雨,空气湿度大,或常有雾、有露时容易发生。密度过稀遮阴差也可引起。

防治方法

　　合理密植,进行遮阴,使果面不受阳光直射。雨后加强排水,减少空气湿度。适当间作玉米或架豆,也可以减少太阳直射和改变田间小气候,而且还可以减轻辣椒病毒病。

8.落花、落果、落叶

主要症状

落花、落果、落叶是在花柄、果柄、叶柄的茎部组织形成一层离区,与着生组织自然分离脱落,而不是机械损伤(图2-31,2-32)。

图2-32 落花

图2-31 落果

发病原因

造成落花、落果、落叶既有生理方面的原因,也有病理方面的原因。生理方面的原因如花器官(雌蕊、雄蕊、胚珠发育不良等)缺陷,开花期的干旱、多雨、低温(15℃以下)、高温(35℃以上)、日照不足或缺肥等,都可造成辣椒不能正常授粉、受精而落花、落果;有害气体或某些化学药剂也能造成大量落花、落果、落叶。

✛ 防治方法

①选用抗病、抗逆性强的优良品种。

②合理密植,保持良好的通风透光群体结构。

③按需要施用氮、磷、钾三要素肥料,特别是氮素肥料,不能过多或过少,保持氮素与碳水化合物含量的平衡。

9.高温障碍

主要症状

塑料大棚或温室栽培辣椒,常发生高温危害。叶片受害,叶绿素褪色,叶片上形成不规则斑块或叶缘呈漂白状,后变黄色。

图 2-33　高温障碍

轻的仅叶缘呈烧伤状,重的波及半叶或整个叶片,导致永久萎蔫或干枯,有的导致落花、落果(图2-33,2-34)。

图 2-34　高温障碍

发病原因

主要是棚室温度过高,当白天棚温高于35℃或40℃左右高温持续时间超过4小时,夜间高于20℃,湿度低或土壤缺水,放风不及时或未放风,就会灼伤叶片表皮细胞,致茎叶损伤或果实异常,其影响程度与基因型及湿度和土壤水分环境有关。

防治方法

①加强通风,使叶面温度下降。

②阳光照射强烈时,可采用部分遮阴法,或使用遮阳网防止棚内温度过高。

③喷水降温。

10. 低温冷害和冻害

主要症状

低温冷害:辣椒在生长过程中遇有零点以上的较低

温度,出现叶绿素减少或在近叶柄处产生黄色花斑,病株生长缓慢,叶尖、叶缘出现水浸状斑块,叶组织变成褐色或深褐色,后呈现青枯状,抵抗力减弱,很容易诱导低温型病害发生或产生花青素,有的导致落花、落叶和落果(图2-35,2-36)。

图2-35 低温冷害　　　　图2-36 低温冷害

冻害:遇有冰点以下的低温即发生冻害,在育苗期,幼苗的生长点或子叶以上的一片真叶受冻,叶片萎垂或枯死,未出土的幼苗全部冻死。植株生育后期受冻后,温度回升至冰点以上,才开始显症,果实呈水浸状、软化,果皮失水皱缩,果面出现凹陷斑,持续一段时间造成腐烂。

发病原因

播种过早或反季节栽培时,气温过低或遇有寒流及

97

寒潮侵袭,一般在5℃~13℃之间,8℃根部停止生长,18℃作用根的生理机能下降。冷害引起植株生理失调,还会引起原生质环流变慢或停止,造成细胞缺氧。幼苗或成株受冻程度与品种、播期、施肥、覆盖物、放风、浇水、地理位置、地势等多种因子有关。在冷害临界温度以下,温度越低持续时间越长,受害越重。

➕ 防治方法

①选用早熟、耐低温的品种。

②适时播种、移苗,防止盲目提早,造成育苗期温度过低。

③采用配方施肥技术,施用完全肥料或复合肥等,不要偏施氮肥,以增强幼苗的抗寒能力,培育壮苗。

④采用双层膜或三层膜覆盖,要注意提高苗床或棚室地温,地温要稳定在13℃以上,防止落花、落叶、落果。

⑤辣椒生长点或3~4片真叶受冻时,可剪掉受冻部分,然后提高地温,加强管理,植株可从节间长出新的枝蔓,继续生长发育,直至开花结果。

⑥生产上遇有寒流或寒潮侵袭时,要及时增加覆盖物或加温,土壤干旱要浇水,寒流过后要把棚温和地温提高

到13℃以上,若发生冻害要加大通风量,以避免升温过快。

11.涝害

主要症状

涝害可造成植株萎蔫,轻的中午凋谢,早晚尚可恢复,严重时植株萎蔫或死亡,并容易诱发根腐病和疫病。

发病原因

主要是地势低洼,地下水位高,湿度大时水分难于渗入土中或散失,造成较长时间的积水,秧苗或植株被淹,根系供氧受到限制,不能正常呼吸,持续时间过长,致植株窒息枯死。

99

防治方法

①选用高畦育苗,把辣椒栽培在排水良好或干燥地块。

②科学灌水,严禁大水漫灌,注意整修排灌系统,雨后及时排水,严防田间积水。

③排除积水后,土壤耕作层稍干即进行中耕松土,以增强土壤中氧气供给量,促进根系正常生长。

④暴雨后,应及时防治根腐病和疫病。

12.脐腐果(又叫蒂腐果)

发生初期在果实顶部出现水渍状、暗绿色斑点,以后斑点扩大成2~3厘米病斑,组织皱缩、凹陷,病斑及果肉变为黑色,较坚硬(图2-37,2-38)。

图 2-37 脐腐果

图 2-38 脐腐果

栽培过程中水分供应失调,引起辣椒果实组织失水过多;保护地通风不及时,形成高温,导致辣椒缺水;土壤中钙元素缺乏,引起脐部细胞生理紊乱,辣椒植株内的钙营养转移到叶芽中,失去水分控制的能力。当土壤中含钙

量低于0.2%时,更易发生脐腐果;土壤中营养供应失衡,氮素营养过剩,植株营养生长过旺,限制对钙素的吸收,植株内钙素减少,向脐部供应的钙素更少。

➕ 防治方法

加强水分管理,采取"见干见湿"法浇水,即土壤表面已干,但2厘米以下仍湿润,在结果盛期浇水,在傍晚或早上为好,地膜覆盖栽培应采取"膜下浇水",使植株水分管理科学化;合理供应营养,配方施肥,增加微肥,不因某种元素的过剩导致营养生长过旺,使其正常健壮生长,如发生缺钙,每隔7~10天喷施1%过磷酸钙或0.1%氯化钙,连续2~4次。

101

13.变形果(又称畸形果)

💻 主要症状

果实不正,小型果,僵果,失去或降低商品价值的果实(图2-39,2-40)。

🌱 发病原因

①受精不完全:同一果内受精完全部分发育正常,未受精或受精不良部分不能正常发育,因而果形不正。

②温度不适:辣椒花粉发芽适宜温度为20℃~30℃,

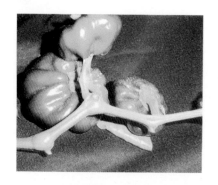

图 2-39 畸形果

图 2-40 畸形果

气温过高或过低,会导致果形不正;低于13℃不能正常受精,形成僵果。

③受精不良:如雌蕊比雄蕊短的花授粉困难,易落花,坐住果也是单性结实的变形果。

④环境影响:低温影响养分吸收,变形果多;土壤水分不足,长势弱,会造成落果和变形果。

 防治方法

保证适温管理。白天控制在23℃~30℃,夜间控制在18℃,地温控制在20℃左右,促进正常授粉和受精。另外,加强肥水管理,合理整枝,保持长势旺盛,也可减少变形果的发生。

14.生理性卷叶

主要症状

辣椒叶片纵向上卷，呈筒状、变厚、变脆、变硬。卷叶减少了叶片光合作用面积，对产量有影响（图2-41）。

图2-41　生理性卷叶

发病原因

土壤干旱、空气干燥，过量偏施氮肥。土壤中缺铁、锰等微量元素。

防治方法

适时、均匀浇水，避免土壤过干过湿。保护地辣椒在高温时，要及时放风。空气干燥造成卷叶时可在田间喷水或浇水。发生缺素所致的卷叶，可对症喷施复合微肥。

15.叶片扭曲

主要症状

主要表现在植株上部。发病时易出现植株生长发育停止、叶柄和叶脉硬化、容易折断、叶片发生扭曲、花蕾脱落等现象。

发病原因

由植株缺硼引发。土壤酸化,硼被大量淋失或施用过量石灰都易引起硼缺乏;土壤干旱、有机肥施用少、高温等条件下也容易发生缺硼;钾肥施用过量,可抑制植株对硼的吸收。

防治方法

①增施硼肥:出现缺硼症状时,应及时向叶面喷施0.1%~0.2%硼砂溶液,每隔7~10天1次,连喷2~3次。也可每亩撒施或随水追施硼砂0.5~0.8千克。

②增施有机肥:尤其要多施腐熟的厩肥,厩肥中含硼较多,而且可使土壤肥沃,增强土壤保水能力,减少干旱危害,促进根系扩展,并可促进植株对硼的吸收。

③防止土壤酸化或碱化:要加以改良土壤性质,土壤酸碱度应以中性或稍酸性为好。

④合理灌溉:保证水分供应要防止土壤干旱或过湿,以免影响根系对硼的吸收。

16.猝倒病(俗称倒苗、歪脖子、小脚瘟)

 主要症状

幼苗大多从茎基部感病,初为水渍状,并很快扩展、溢缩变细如"线"样,病部不变色或呈黄褐色,子叶仍为绿色,萎蔫前即从茎基部倒伏而贴

图2-42　猝倒病

105

于床面。苗床湿度大时,病残体及周围床土上可生一层絮状白霉(图2-42)。

发病原因

病菌借雨水、灌溉水传播。土温较低(低于15℃)时发病迅速,土壤湿度高、光照不足、播种过密、幼苗长势弱及幼苗陡长时,往往发病较重。浇水后,积水处或薄膜滴水处最易发病而成为发病中心。猝倒病多在幼苗长出1~2片真叶前发生,3片真叶后发病较少。

防治方法

①种子和土壤消毒:种子消毒可用3000倍96%天达恶

霉灵拌种。床土消毒时,每平方苗床用95%恶霉灵原药(绿亨一号)1克,兑水成3000倍喷洒苗床,或用30%多·福(苗菌敌)可湿性粉剂4克。

②农业措施:播种均匀而不过密,盖土不宜太厚;冬季以电热线加温苗床,苗床内温度控制在20℃~30℃,地温保持在16℃以上,床土湿度大时,可撒干土或草木灰降低苗床土层湿度。

③药剂防治:及时检查苗床,发现病苗立即拔除,并喷洒72.2%普力克水剂400倍液或15%恶霉灵 (又名土菌消、土壤散)水剂700倍液等药剂,每7~10天喷1次,于发病初期用根病必治1000~1200倍液灌根。

17.戴帽出土

主要症状

辣椒幼苗出土后子叶上的种皮不脱落,俗称"戴帽"。戴帽苗的子叶被种皮夹住不能张开, 直接影响子叶的光合作用, 也易损坏子叶,造成幼苗生长不良或形成弱苗(图2-43,2-44)。

图2-43 戴帽出土

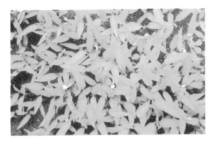

图2-44　戴帽出土

发病原因

造成戴帽出土的原因很多，如种皮干燥，或所覆盖的土太干，致使种皮变干。覆土过薄，土壤挤压力小。出苗后过早揭掉覆盖物或在晴天中午揭膜，致使种皮在脱落前变干。地温低，导致出苗时间延长。种子生活力弱等。

防治方法

①精细播种：营养土要细碎，播种前浇足底水。浸种催芽后再播种，因为干籽直播容易出现戴帽出土现象。覆盖潮湿细土，不要覆盖干土。覆土不能过薄，厚度要一致。

②保湿：必要时在播种后覆盖无纺布、碎草保湿，使床土从种子发芽到出苗期间保持湿润状态。幼苗刚出土时，如床土过干要立即用喷壶洒水，保持床土潮湿。

③覆土：发现有覆土太浅的地方，可补撒一层湿润细土。

④摘"帽"：发现戴帽苗，可用手将种皮摘掉，操作要轻，切不可硬摘。

参考文献

[1]专家咨询系统(http://jc.tjagri.ac.cn/)

[2]李明悦,高伟.设施蔬菜施肥技术(茄果类).天津:天津科技翻译出版公司,2009.

[3]李兴红.茄果类蔬菜病虫害识别与防治.北京:中国农业出版社,2002.

[4]王利英.番茄栽培与病虫害防治.天津:天津科技翻译出版公司,2010.

[5]国家进,李廷芹.保护地番茄新品种彩色图说.北京:化学工业出版社,2010.

[6]王久兴.番茄生理病害防治图文详解.北京:金盾出版社,2010.

[7]陆景陵.植物营养失调症彩色图片——诊断与施肥.北京:中国林业出版社,2009.

[8]渡边和彦.作物营养元素缺乏与过剩症的诊断与对策.罗小勇译.日本:日本种苗(株)出版部,1999.

[9]薛庆华,杨凤梅,王志强.辣椒主要生理病害的诊断及防治技术.吉林蔬菜,2003,(4):37-38.

[10]赵红艳,孙刚强,茍艳玲.辣椒主要生理病害的发生与防治.农技服务,2010,27(6):728-729.

[11]中山市农业科技推广中心:蔬菜病虫害智能识别防治系统 http://nyxt. zsagri.gov.cn/scbch/Boundary/Plant Pro-tection/Diseases And Insect Detail.aspx?uqid=782.

[12]张瑞霞,朱彦彬,胡栓红.辣椒主要生理病害及其防止方法.内蒙古农业科技,2006,(1):70-71.